未小读
人文科普系列

女性开拓者小传

米歇尔和 "米歇尔彗星"

美国首位
女性职业天文学家
玛丽亚·米歇尔

〔美〕海莉·巴雷特 著

〔美〕戴安娜·苏迪卡 绘

徐海幈 译

未小读
UnRead Kids

北京联合出版公司
Beijing United Publishing Co.,Ltd.

八月的第一天，在大雾笼罩的楠塔基特岛上的一座房子里，
一个女婴诞生了。

和所有的婴儿一样，这个女婴也拥有了一个名字。
就像一缕温柔的清风，
她的父母轻轻说出了她的名字。

玛丽亚

最初，小玛丽亚只知道
自己的妈妈和爸爸、哥哥和姐姐，
还有家里几间朴素的房间。

随着玛丽亚渐渐长大，她开始去认识自己生活的这座小岛。
她漫步在停落着海鸥的沙滩上，她呼吸着野玫瑰的芬芳，
她聆听着归港的捕鲸船发出的吱嘎声，
船上满载着沉重的木桶和思乡的小伙们。

那些船的名字她都知道。

玛丽亚家离镇子中心很近，她经常沿着镇子的主街走很长的斜坡，来到拥挤的码头，再朝太平洋银行宏伟的砖墙大厦走回去。一路上，她会经过很多喧闹忙碌的商店。

那些商店老板的名字她都知道。

在家里，家人总是很放心地把大大小小的任务交给玛丽亚。
学校的功课并不那么容易，但是玛丽亚在学习上很有决心。

妈妈注意到玛丽亚做什么事情都沉着可靠。
当时，玛丽亚的爸爸想要找一个工作上的帮手，
协助他观测夜晚的天空，
妈妈把这件事
告诉了玛丽亚。

于是，玛丽亚跟着爸爸爬呀爬，
沿着陡峭的阁楼台阶，爬到了屋顶的走道上，
在这里可以俯视整个楠塔基特镇。
父女俩一起凝望着夜空，夜空就如同
一只黑色的大碗，倒扣在这座小岛上。

爸爸教会了玛丽亚使用望远镜。他还教会了她
如何仔仔细细地扫视天空——一点一点地观察，
就像她平时帮妈妈打扫房间一样仔细。
他喜欢说：

你一定会感到惊奇。

你必须看个仔细，这样你自己才能看到知道一切。

玛丽亚看着夜空，心中充满惊奇。她被亲眼看见的东西迷住了。从那时起，玛丽亚就一夜又一夜仔仔细细地扫视天空。

很快，她就和恒星交上了朋友。这些星星闪闪发光，就好像有人用鲸骨做的针刺破了黑夜。

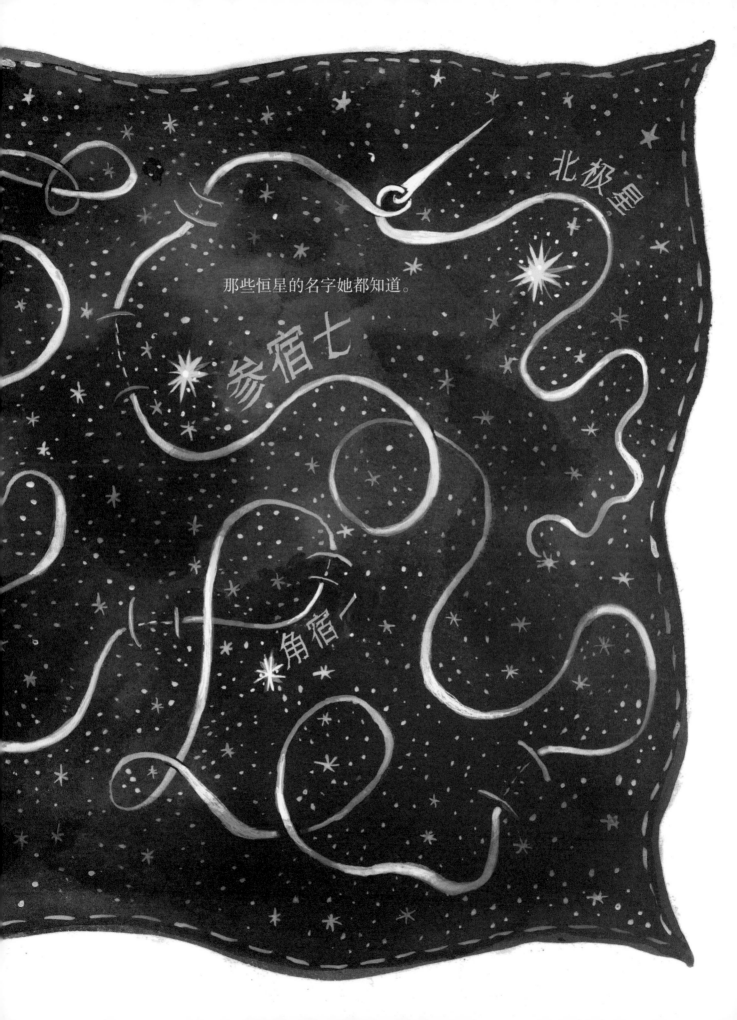

北极星

参宿七

角宿一

那些恒星的名字她都知道。

她观察着一颗颗行星，它们有着像鲸油灯一样
看似微弱却稳定的光芒。

水星

那些行星的名字她都知道。

金星

土星

头顶上方的天文现象让她惊叹不已，它们如同
鲸鱼飞溅起的水花一样耀眼绚烂。

那些天文现象的名称她也都知道。

月食

北

捕鲸船的船长们都依靠米歇尔一家为他们导航，当他们捕鲸结束回家短暂休整时，他们会带着精密计时器——造价不菲的航海专用钟表，前去造访坐落在维斯塔街上的那座小房子。

在父亲身边，玛丽亚学会了精密计时器的测定方法。利用六分仪，再加上仔细的计算，她就能判断出这些计时器的准确性。这样一来，在大海上航行的海员们就能确定自己的方位。当他们艰苦的海上工作结束后，就可以朝着家人和楠塔基特镇的方向航行。

那些捕鲸人的名字她都知道。

福尔杰兄弟

斯塔巴克兄弟

她的哥哥安德鲁

玛丽亚当过一段时间的教师。

可是，她希望继续提高自己的知识水平。

因此，她又成了图书馆的管理员。在图书馆里度过的时光
很安静，她利用这段时间埋头苦学高等数学和天文导航知识。

年复一年，每当白昼落幕、夜色降临楠塔基特岛的时候，玛丽亚便爬上陡直的楼梯，来到屋顶，仔仔细细地观察天空。

十月一个晴朗的夜晚，玛丽亚看到了一幕新的景象——夜空中出现了一片不知名的光。它明亮而模糊，就位于为世人所熟知的北极星附近。

一颗彗星！

她赶紧把这个消息告诉了父亲。

"我的玛丽亚啊！"父亲惊叫了起来。

你得把这个消息告诉全世界

漫长的两天后，寄往波士顿的那封信终于从暴风雨后的楠塔基特岛启程了。

半个地球之外，其他天文学家也在搜寻着天空。丹麦
国王承诺过，凡是用望远镜发现新彗星的天文学家都
能得到他所颁发的金质奖章。

彗星是由大团的冰物质和气体构成的天体，要发现这种飞速划过天际的
天体堪称一项罕见的壮举。很多人都渴望获得金质奖章和这份荣耀。

在罗马的一座大天文台，一名神父
兼天文学家也发现了那一片同样的
亮光。他立即发出了消息，宣称将
要获得那枚奖章。

但是，是玛丽亚先看到了那颗彗星！

发自楠塔基特岛的那封信上的落款日期比神父
看到彗星的日子还早两天，此时那封信正缓慢
地航行在大西洋上。

这封信几经辗转，从哈佛大学天文学家们的手
中转交到了英国天文学家们的手中，然后又转
交给了丹麦的天文学家们。

哈佛大学
天文台

哈佛大学天文学家的名字玛丽亚都知道。
他们都是天文学家族共同的朋友。

玛丽亚虽不曾见过他们，但是她熟知他们的大名。

这些科学家在仔细斟酌谁有资格获得这枚奖章的难题时，
玛丽亚在仔仔细细地扫视着夜空。

当他们仔细审阅着楠塔基特岛的来信时，
玛丽亚也在仔仔细细地扫视着夜空。

当他们向罗马那位神父兼天文学家征求意见时，
玛丽亚依然在仔仔细细地扫视着夜空。

最后，他们终于一致认定这颗彗星是由米歇尔小姐发现的，并且证实了这项发现。

就这样，沉甸甸的金质奖章漂洋过海，来到了波士顿，来到了楠塔基特岛，最终来到了玛丽亚沉着的手中。

随同奖章而来的，还有丹麦国王的祝贺信。

奖章上铭刻着父母为她起的名字，
那个被
书店老板们、
船长们、
水手们，
还有学生
都熟知的名字——
玛丽亚·米歇尔。

奖章上刻有一句铭文：

观望

绝非

米歇尔小姐看到了一颗彗星。
全世界看到了她。

> 看得越多，我们能看到的就越多。——玛丽亚·米歇尔

更多关于玛丽亚·米歇尔的故事 —— 一位天文学家、教育家及活动家

★ 1847年10月1日晚上10时30分，29岁的玛丽亚·米歇尔发现了那颗彗星，它至今依然被称为"米歇尔彗星"。

✹ 梵蒂冈天文台的首席天文学家弗朗西斯科·德维克神父于1847年10月3日观测到了这颗彗星。另外三名天文学家也几乎同时发现了这颗彗星，但是科学界一致认为第一个看到这颗彗星的人是玛丽亚·米歇尔。

✹ 米歇尔彗星——正式名称为C/1847 T1，是一颗非周期彗星，也就是说它的运行轨道的形状表明，它再也不会返回我们的太阳系了。

★ 有一些彗星人们通过肉眼就能观测到，但是更多的彗星必须借助望远镜才能找到和进行观测。借助望远镜，人类就能看到亮度十分微弱、距离地球十分遥远的"望远镜彗星"，并将其记录下来，从而推动彗星科学的发展。

✹ 玛丽亚·米歇尔是美国首位荣获丹麦奖章的天文学家，不过她并不是首位发现"望远镜彗星"的女性。拥有此项殊荣的是德国的天文学家卡罗琳·赫歇尔。

✹ 玛丽亚对伴随她的大发现而来的国际声望不太关心，始终埋头于自己的工作，只将那枚金奖章放在自己的房间里。

✹ 在此后的时间里，玛丽亚创造了卓越的事业，包括下列各项辉煌的成就：

- 她是美国政府聘请的首位女性天文学家。从1849年起，她开始以计算员的身份为航海历法局计算金星的天文表。她还参加了美国海岸测量办公室的观测工作。

- 她是新创建的瓦萨女子学院（现在的瓦萨学院）聘请的首位教授，余生她几乎一直在该校任教，教授天文学。她的很多学生都拥有了声誉卓著的职业生涯，其中就包括玛丽·沃森·惠特尼。在米歇尔教授退休后，惠特尼继任了瓦萨天文馆馆长一职。

- 她坚定地倡导同工同酬制度，针对女性教授和男性教授薪酬不平等的问题同瓦萨学院的管理层进行了抗争。

- 她是第一位当选美国艺术与科学院院士的女性。

- 她是美国妇女促进会的联合创始人，并且在1874至1876年担任了该联合会的主席。

- 1994年，她入选美国女性名人堂。

- 她积极参与到提高女性权利——尤其是选举权——的工作中，终生致力于推动女性的教育事业。

  她还积极参加了反奴隶制运动。

✹ 米歇尔终生没有生儿育女，但是她非常关心自己的外甥和外甥女，对很多年轻人而言，她都是一位值得信赖的朋友。米歇尔小姐在瓦萨学院的一名学生就为自己的女儿取名"玛丽亚·米歇尔·钱普尼"，以表达对她的这位教授同时也是朋友的敬仰之情。

★ 月球上的"米歇尔陨石坑"以她的名字命名，小行星"1455米歇尔"的命名也是如此。

✹ 1889年6月28日，玛丽亚·米歇尔与世长辞。她被安葬在她的出生地——安静的楠塔基特岛，星辰密布的黑色大碗倒扣其上。

✹ 作者手记

我的家就在马萨诸塞州，所以我可以常常造访楠塔基特岛，玛丽亚·米歇尔就出生在那里。今天，野玫瑰依然在轻风中散发着芬芳，沙滩上依然停落着海鸥，多亏了米歇尔故居的管理员，米歇尔当年在维斯塔街上的那座房子依然让人感觉像一个幸福的家。

现如今，那座房子已经成了博物馆，归玛丽亚·米歇尔协会所有。游客们可以看到玛丽亚出生时的那间卧室，也可以在她协助父亲仔细观测夜空的屋顶走道上凝望星空。为了纪念玛丽亚·米歇尔的诞辰，每年8月1日人们都要将她获得的那枚国王奖章拿出来展示，供崇拜者们瞻仰。

真希望我能回想起自己最初是在什么时候听到了她的故事。我估计是我小时候从书里读到的，从那时起她就一直驻留在我的心里。我的很多灵感都是这样产生的，它们都来自我在某个地方读到或者听到的只言片语。这些信息在隐隐牵动着我的想象，或许多年来一直如此，直到我开始动笔创作这本书。

我鼓励你们也这样做——留意点点滴滴有趣的信息，将这些信息收集起来，记录下来。让它们激发你的想象吧。观察、思考，就像玛丽亚·米歇尔那样沉迷其中。这样，你自己就能看到更多的东西。

想要了解参考文献和有关玛丽亚·米歇尔的更多读物，请查阅HayleyBarrett.com。

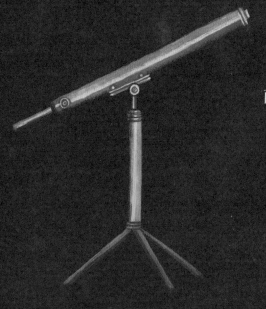

献给我心中毫不动摇、闪亮耀眼的明星约翰。

——海莉·巴雷特

献给母亲伊萨和昴宿星团。

——戴安娜·苏迪卡

图书在版编目（CIP）数据

米歇尔和"米歇尔彗星" /（美）海莉·巴雷特著；
（美）戴安娜·苏迪卡绘；徐海幈译. — 北京：北京联
合出版公司，2020.5（2022.3 重印）
ISBN 978-7-5596-4003-1

Ⅰ.①米… Ⅱ.①海…②戴…③徐… Ⅲ.①天文学
—儿童读物 Ⅳ.① P1-49

中国版本图书馆 CIP 数据核字 (2020) 第 033999 号

米歇尔和"米歇尔彗星"

〔美〕海莉·巴雷特 著
〔美〕戴安娜·苏迪卡 绘
徐海幈 译

选题策划　　联合天际
特约编辑　　毕　婷
责任编辑　　牛炜征
装帧设计　　徐　婕

WHAT MISS MITCHELL SAW

by Hayley Barrett
Illustrated by Diana Sudyka

Text copyright © 2019 by Hayley Barrett
Illustrations copyright © 2019 by Diana Sudyka
Published by arrangement with BEACH LANE BOOKS
An imprint of Simon & Schuster Children's Publishing
Division
1230 Avenue of the Americas, New York, NY 10020
Simplified Chinese edition copyright © 2020 by United
Sky (Beijing) New Media Co., Ltd.
All rights reserved.

北京市版权局著作权合同登记号 图字：01-2020-0944 号

出　版	北京联合出版公司
	北京市西城区德外大街 83 号楼 9 层 100088
发　行	北京联合天畅文化传播有限公司
印　刷	天津联城印刷有限公司
经　销	新华书店
字　数	10 千字
开　本	889 毫米 ×1194 毫米 1/16 3 印张
版　次	2020 年 5 月第 1 版 2022 年 3 月第 2 次印刷
I S B N	978-7-5596-4003-1
定　价	42.00 元

未读CLUB
会员服务平台

本书若有质量问题，请与本公司图书销售中心联系调换
电话：(010) 52435752

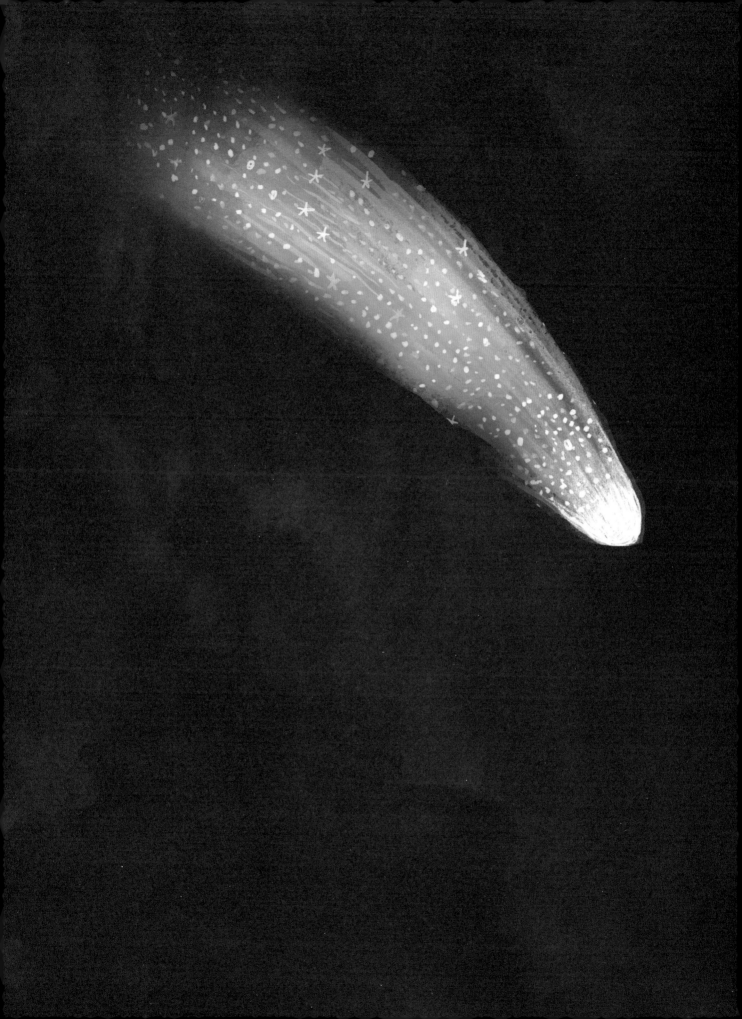